聪明的
孩子爱提问

我们为什么会打嗝？

[西班牙] 奥尔加·费兰·安德烈 | 著

[西班牙] 贝阿特丽丝·卡斯特罗 | 绘　杨子莹 | 译

中信出版集团 | 北京

图书在版编目（CIP）数据

我们为什么会打嗝？ /（西）奥尔加·费兰·安德烈著；（西）贝阿特丽丝·卡斯特罗绘；杨子莹译 . -- 北京：中信出版社，2023.7
（聪明的孩子爱提问）
ISBN 978-7-5217-5699-9

Ⅰ.①我… Ⅱ.①奥… ②贝… ③杨… Ⅲ.①人体－儿童读物 Ⅳ.① R32-49

中国国家版本馆 CIP 数据核字（2023）第 077903 号

Original title: Los Superpreguntones para peques. El cuerpo humano
© Illustrations: Beatriz Castro Arbaizar, 2016
© Larousse Editorial, S.L., 2016
Simplified Chinese translation copyright © 2023 by CITIC Press Corporation
ALL RIGHTS RESERVED

我们为什么会打嗝？
（聪明的孩子爱提问）

著　　者：[西班牙]奥尔加·费兰·安德烈
绘　　者：[西班牙]贝阿特丽丝·卡斯特罗
译　　者：杨子莹
出版发行：中信出版集团股份有限公司
　　　　　（北京市朝阳区东三环北路27号嘉铭中心　邮编　100020）
承 印 者：北京盛通印刷股份有限公司

开　　本：720mm×970mm　1/16　　印　张：4　　字　数：50千字
版　　次：2023年7月第1版　　　　　印　次：2023年7月第1次印刷
京权图字：01-2023-0445
书　　号：ISBN 978-7-5217-5699-9
定　　价：79.00元（全5册）

出　　品：中信儿童书店
图书策划：好奇岛
策划编辑：明立庆　　　审　校：李月
责任编辑：李跃娜　　　营　销：中信童书营销中心
封面设计：韩莹莹　　　内文排版：王莹

目 录

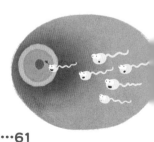

我们的乳牙为什么
会掉呢？

我们刚出生几个月后，嘴里就陆续长出**第一组牙齿**，我们叫它们乳牙。它们很小，因为那时我们的嘴巴本来也不大啊。随着我们不断长大，乳牙会掉下来。更大的牙齿**恒牙**会取代乳牙，这些恒牙将会陪伴我们一辈子。

多好看的牙啊!

我们为什么会打嗝?

这都要怪膈,它是位于肺下方的一块肌肉。这块肌肉可以帮我们**把肺里的空气排空**,也可以**让肺部充满空气**。当你呼气时,膈就会**往上**移动恢复原位;当你吸气时,膈就会**下降**。可是有时候,不该它往上跑时,它却往上跑了。这时候,你就会开始打嗝,发出那烦人的噪声,想控制也控制不住。

怎么做才能让打嗝停下？

当吃饭吃得太快，或者喝过一些汽水后，人就可能会打嗝。一般来说，几分钟后打嗝就会自动停下来。可是如果非要做点什么，让身边的人别再继续打嗝了，你可以试着吓他一下，这有时很管用。也可以让他在几秒钟内一直屏住呼吸，然后抬起头，就像看着天花板那样。

等着瞧吧，你很快就不打嗝了！

6

我们吃下的食物需要多久才能消化？

当我们吃饭时，身体就开始消化工作了。这是一项时间漫长的任务，食物经口腔进入食管再进入胃，之后交给肠道。光是胃，就得花上几小时才能完成工作。所以，如果我们吃了很多东西，为了安全起见，不要马上去泡海水澡，因为很可能会头晕。

唉，我是多么想泡海水澡啊！时间过得可真慢。

如果我们吃东西时不嚼，
会发生什么？

牙齿的作用是把食物切开并磨碎。当我们大口吞下食物、不用牙齿嚼时，大块大块的食物不仅**难以下咽**，而且它们直接到达我们的胃，**消化**就变得更加困难了。然后，我们可能会觉得胃有点儿疼。另外，长时间不用牙齿咀嚼食物的话，我们的咀嚼功能也会**减退**。

我是你可怜的胃。
你要是再不嚼，我
就要累死了。

8

我们为什么会打哈欠？

我们好饿啊!

我好饿啊!

人们一般认为，打哈欠是为了"刷新"大脑，让大脑进入警觉状态。我们都知道，人**累了**、觉得**无聊了**，或者**饿了**的时候会打哈欠。此外，打哈欠还非常容易**传染**。

我们想打喷嚏时不该憋住，
这是为什么呢？

有时，我们想打喷嚏，但不想发出声音，于是就想把喷嚏憋回去。偶尔这样做没什么关系，但是有喷嚏了最好还是打出来。这是因为在打喷嚏时，我们嘴和鼻子里的空气会以**非常快**的速度冲出去。如果我们偏要把这些空气憋在嘴里和鼻子里，就有可能**伤害**到我们的耳朵和喉咙。打喷嚏时记得用手肘内侧捂住嘴和鼻子，避免细菌或病毒传播。

我赢啦!

为什么我们的呕吐物
气味那么难闻？

在我们的胃里，吃进来的食物与**胃酸**混合在一起，胃酸是由胃自己生产出来的。胃酸能帮我们把食物**分解**成更小的碎块。胃酸的味道很**难闻**。我们呕吐的时候，会连胃酸带食物一起吐出来。

真难闻!

11

心脏为什么需要
跳个不停?

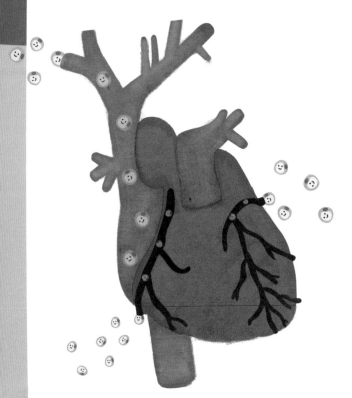

我们片刻也停不
下来啊!

心脏这个器官能让**血液**流到我们整个身体。血液能够运送
很多物质,这些物质都是细胞存活下来所**必需**的。因此,
心脏需要**一刻不停**地跳动来泵血,一旦停下来,细胞便会
在几分钟后陆续死亡。

血为什么是红色的?

红细胞是血液中的一种细胞,它们能够运送氧气和二氧化碳。当我们呼吸时,肺里的红细胞就开始工作了。红细胞里面的一种物质会先把氧分子捉住,然后把它们带到身体各处的细胞那里,再把它们松开,并带离二氧化碳,这种物质叫血红蛋白。血红蛋白是红色的,所以血液也呈现出红色。

我还以为我的血是蓝色的呢!

哈哈哈!

13

为什么我们有时会
流鼻血？

很多时候是因为空气过于**干燥**，或者我们把手指伸进鼻孔里，想要挖出鼻屎，挖的过程中，我们把输送血液的**毛细血管**伤到了，毛细血管破裂，血就这样流了出来。通常情况下，把头稍微往前倾斜一点，用手指按住鼻子根部，血很快就不流了。

这块鼻屎看起来
很美味的样子！

我们为什么不能
停止呼吸？

我们身体里的细胞需要源源不断的氧气，才能生存和正常工作，就连我们睡觉的时候也不例外。氧气得从我们吸进的空气中获得，因此我们的肺需要不停地吸气，也就是说，我们得不停地从外面吸入空气。另外，我们需要把肺里的废气二氧化碳排出去，这就需要不停地呼气。

我需要空气。

我们为什么要经常喝水?

你肯定听说过,水是我们体内的清洁工。不要以为洗心或洗肺就和洗脸一个样。清除人体内部废物的任务主要是由肾脏完成的。为了保护肾脏,让肾脏正常工作,我们每天需要喝掉足量的水。

我觉得我已经
喝得太多了!

16

我们的尿为什么是黄色的，还热乎乎的？

啊！好热乎啊！

我们的身体每隔一段时间都会排出一些废物，撒尿便是**排出废物**的一种方法。尿是由**肾脏**生产出来的，尿里的一种物质会使尿看上去黄黄的。我们撒尿的时候，觉得它热乎乎的，那是因为它一直都保存在我们的身体里，所以温度也有**将近37℃**那么高呢。

我们为什么每天都得吃蔬菜和水果?

蔬菜和水果能为我们提供维生素和膳食纤维,这两种物质都是我们身体正常运转所必需的。当我们吃进很多脂肪时,身体能把过多的脂肪存储下来。但是维生素、膳食纤维和脂肪不一样,它们是没有办法在身体里被储存下来的,所以我们每天都需要吃一些蔬菜和水果来补充。

我们为什么不能顿顿吃汉堡和薯条？

汉堡和薯条非常好吃，但我们不能顿顿都吃，因为会**长胖**的。而且，它们能提供给我们的**维生素**和**膳食纤维**也少得可怜。

招牌汉堡

超级好吃

今天不行！昨晚你刚吃掉一整个。

19

饭后为什么要刷牙？

把嘴唇也涂成白色会是啥样？

我们吃完饭后，牙齿上会留下非常非常细小的**食物残渣**。我们嘴里的**细菌**就以这些食物残渣为食。细菌**非常小**，就算用放大镜，我们也看不到它们，这些细菌会以我们牙齿上的食物残渣为食物，大量繁殖，导致我们患**龋齿**。

我们为什么不能吃
太多糖果?

我们很喜欢吃各种各样的糖果,因为它们很甜。我们可以偶尔吃点儿,但不能多吃,因为糖果含的我们身体生长所必需的物质很少,反倒是细菌最爱的食物。一旦让细菌吃饱了,开始大量繁殖,我们就要患龋齿了。

我浑身都是糖,他们
会怎么看我呢。

我们为什么最好天天都喝牛奶?

多么健壮的
骨骼啊!

牛奶是我们饮食中非常重要的一部分,能为身体提供**能量**和**钙**。钙是一种能帮我们**强化骨骼**的物质。所以,我们最好每天都喝牛奶、酸奶,或者吃奶酪,这样我们的骨骼才能长得健康而强壮。

我好像没法尝尝了。

为什么有的小朋友不能吃某些食物？

有些小朋友不能喝牛奶、吃面包或鸡蛋，因为他们会**过敏**或**不耐受**，吃了就会生病。那些小朋友的身体把吃进去的食物当成了**敌人**进行抵抗，他们的皮肤上会出现痒痒的斑点，有的还会呼吸困难或者拉肚子。

为什么小伤口过一会儿就不流血了？

小伙伴们，我们一起去搭建屏障吧!

血液里有一种细胞名叫**血小板**，它们的作用就好像一道**屏障**。血小板们赶到有伤口的地方，互相挤在一起，与其他血细胞等形成**凝血块**，像小塞子一样堵住伤口，从而止血。这个"塞子"会变干，然后**结成痂**。与此同时，在痂的下面，新的皮肤正在慢慢长出来。最后，痂会自己脱落。

为什么身上被撞到的地方
会变成紫色？

当我们被猛地撞一下时，身体里的一些细小的血管可能会破裂，而血管正是进行血液流动的场所。这时候，血液就从血管里渗出来，聚在一起，形成一块紫色的印记。在接下来的几天里，紫色会变成蓝色，再变成黄色，最后慢慢消失。

我们到多大年龄就不再长个儿了？

你这么高，肯定能够到我家的零食柜。

我们的个子能长好多年呢。如果你是**男孩**，可能能长到**20岁**；如果你是**女孩**，大约能长到**18岁**。想象一下，如果你一辈子都在长个儿会怎么样？哈哈！那样的话，你得有大象那么高！

为什么剪头发时不疼，
但拽头发就疼呢？

头发是表皮细胞角质化形成的，是一种**死细胞**，这些死细胞中并没有**感知疼痛**的神经，因此当我们剪发梢时，不会觉得疼。然而，每根头发的根部都有**神经**分布，所以一有人拽你的头发，你就会觉得疼。

原来剪头发不会疼啊！你可以多剪点儿了。

27

眉毛和睫毛是
干什么用的?

我的任务是
捉灰尘。

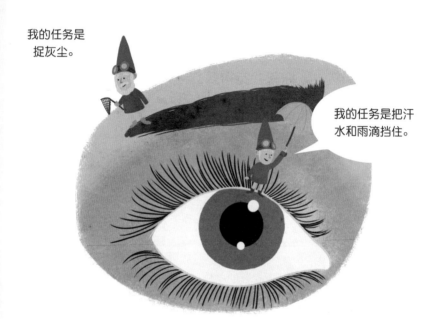

我的任务是把汗
水和雨滴挡住。

眉毛和睫毛当然会让我们看上去更漂亮,但更重要的是,它们能**保护**我们的**眼睛**。有时候,汗水或雨滴可能会落到我们脸上,有睫毛在,就能帮我们**挡一下**。还有的时候,一些灰尘颗粒会跑到我们的眼睛附近,有眉毛在,就可以把灰尘**挡住**,避免进入我们的眼睛。

眨眼有什么作用？

眨眼是为了保护我们的眼睛。眨眼的时候，**眼泪**会被分散到整个眼睛，使眼睛**保持湿润**。我们每分钟眨眼十几次。如果我们集中注意力，可以整整一分钟都不眨眼。但一分钟后，我们就没法继续坚持了，还是得眨眼。

人眨眼是为了让眼睛保持清洁。这雨刷器好像也在干这个。

为什么有的人需要戴眼镜
才能看清东西?

有些人会看不清东西,这在很多时候是**晶状体**的问题。晶状体好像长在眼睛里面的一种透镜,当晶状体的折射出现问题时,我们的眼睛就会**失焦**,导致看到的物体很**模糊**。想要解决这个问题,我们可以选择戴框架眼镜或隐形眼镜,也可以选择做手术。

哎呀! 怎么
这么模糊!

为什么锻炼身体的时候，
我们的心会跳得很快？

我需要更多氧气。

汽车在快速行驶时会消耗更多汽油，我们运动的时候也是类似的，我们的肌肉需要消耗更多的"**燃料**"和**氧气**。这时候，心脏必须更快地**泵血**，所以心跳就会加快。因为只有这样，才能为肌肉提供足够的"燃料"和氧气。

骨骼有什么作用?

我也一样。
我里面还有
大脑呢,它
非常柔软。

我含有很多
钙,所以才这
么结实。

我们的骨骼坚硬而结实,得以**支撑身体**,维持一定体形。
骨骼是由蛋白质、水和矿物质等组成的,里面含有大量的
钙和磷。骨骼还负责**保护**我们身体内柔软的器官,比如
大脑和心脏。

我们有多少块骨头？

我们刚出生时的骨头数量比长大后要多。这是不是很奇怪？但却是真的。一个成年人的身体内有**206块骨头**。你知道最长的骨叫什么吗？它叫**股骨**，一直从骨盆延伸到膝盖。

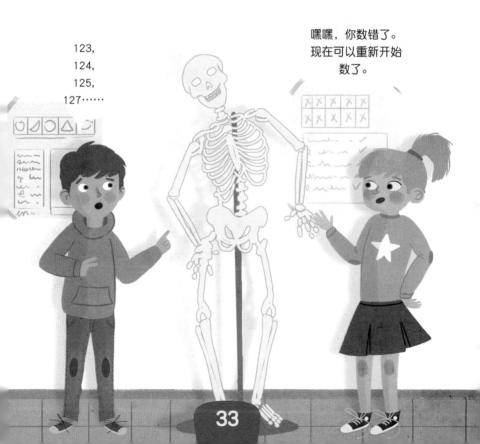

我们的手脚为什么会
发麻?

哎呀! 好麻呀!

有时候我们的手或脚会发麻, 有刺痛感。这可能是因为我们的**姿势不太好**, 能够到达四肢的血液不够充足, 所以才会造成这种特殊的**刺痛感**。我们换个姿势以后, 所有的细胞都会吸收到氧气和营养物质, 刺痛感就会消失了。

我们为什么会起鸡皮疙瘩?

谁让我这么冷的
天来游泳呢!

当我们感到**寒冷**、**害怕**或非常**兴奋**时,我们身上的汗毛会竖立起来,这是*皮肤的一种反应*。这种反应发生时,控制着毛发的肌肉会收缩,致使汗毛竖立,根部隆起,形成鸡皮疙瘩。

我们为什么会出汗？

真是挥汗
如雨啊！

当我们晒太阳或运动时，我们的身体会**变热**。能让身体降温的一种方法就是**流汗**。汗水是由皮肤下的微小腺体产生的。随着汗水的蒸发，我们的体温会下降。季节不同，我们的**排汗量**有很大差异，一般夏天流汗最多。如果我们运动的话，流的汗也会更多。

我们为什么会晒黑？

我们的皮肤变黑是为了**保护自己**，因为这样就不容易被太阳的有害射线伤害了。当皮肤受到阳光照射时，会产生一种叫作**黑色素**的物质。这种物质虽然让我们看起来像烤过的面包一样，但它可以吸收伤害皮肤的紫外线。别忘了，为了保护皮肤，你可得涂好**防晒霜**哟。

已经不是第一次了。
怎么又洒出来了！

吃饭前为什么要洗手？

啊！别把我赶走！
我们不是已经成为
好朋友了吗？

我们的手碰触到的一切几乎都布满了细菌。我们的手上也沾上了细菌。通常情况下，这没什么大问题，因为好多细菌只待在手上是无害的。然而，如果我们用脏脏的小手去碰触食物，然后再把食物吃掉，这些细菌就会随食物进入我们的体内，并可能引发疾病。

我们为什么要经常洗澡？

洗澡能把我们身上**难闻的气味**除掉，比如臭脚丫子的味道闻起来就像腐烂发臭的奶酪似的。但是，我们每天最好只洗一次澡，因为洗得多了会破坏**皮肤的天然保护作用**。

你多长时间没
洗澡了？

大脑是干什么用的？

大脑是我们身体的**中央计算机**。它负责理解各个感官（耳朵、眼睛、皮肤、舌和口腔等）捕获的信息，并让身体各部分相互协调，以完成各项任务。此外，人体中其他一些**非常重要的功能**也由大脑来掌控，例如保存记忆、说话、阅读、写字、学习等。

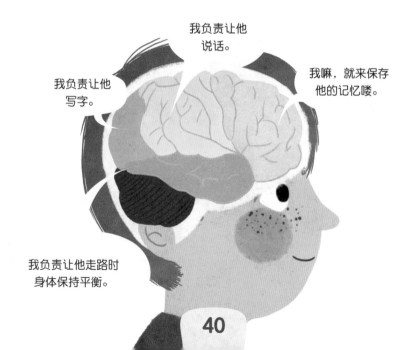

我负责让他说话。

我负责让他写字。

我嘛，就来保存他的记忆喽。

我负责让他走路时身体保持平衡。

40

什么是雀斑？

雀斑是长在皮肤上的黄褐色或黑褐色的**小斑点**，不痛不痒的，会出现在有些人的脸上、鼻子上和额头上，偶尔也会出现在肩部、后背和胸部。

好多雀斑啊！

41

为什么有的小朋友
用左手写字？

我也想用左手剪，可是什么也剪不出来。

有些小朋友用左手写字，因为他们是**左利手（左撇子）**。他们只是**更喜欢**用左手去做复杂的任务，比如用剪刀、写字，或者踢足球时用左脚去射门。

我们为什么要早早睡觉？

你肯定一整天都不闲着，上学，和朋友一起玩，走路，写家庭作业……当夜晚到来时，你的身体感到**很累**，只有在你**睡觉**的时候，它才能得到**休息**。早早上床睡觉是个好习惯，这样我们的身体才能得到恢复，第二天早上起床时才能"电量充足"。

能量满满！

43

我们的耳朵里面有"蜗牛"和"锤子"吗？

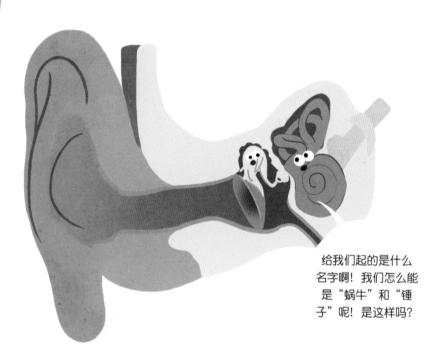

给我们起的是什么名字啊！我们怎么能是"蜗牛"和"锤子"呢！是这样吗？

有，但别害怕，因为这里的"蜗牛"不是动物，这里的"锤子"也不是泥瓦匠用的那种工具。**锤骨**是一种非常小的**骨骼**，它与砧骨和镫骨合称听小骨，位于中耳内，它们将声音传递到**内耳**。**耳蜗**位于内耳，它负责接收声音，并将声音传送到**大脑**。

老人为什么会长皱纹？

奶奶，我给你用熨斗熨一下啊？

皮肤包裹着我们的身体，对身体起到**保护作用**。皮肤中有一种叫作**胶原蛋白**的物质，是它使得皮肤具有弹性和柔韧性。随着年龄的增长，皮肤中的胶原蛋白**越来越少**，水分也越来越少，皮肤因此变得松弛、起皱。

为什么感冒时吃东西
不香？

我觉得自己就像
在吃一只鞋！

我们吃东西时，不仅会通过**味觉**来享受食物的味道，而且也要用到**嗅觉**。当我们感冒时，食物散发出的气味虽然仍会进入鼻子里，但我们有时候嗅觉功能**减弱**，所以闻不到气味。另外，味觉功能也有所**下降**，我们也尝不出食物的味道。这时候，就会觉得食物吃起来没滋没味儿的。

什么是发烧?

发烧的时候，你会觉得很累、很困，先是感到冷，之后又感到热，还会出汗……当出现这些感觉时，意味着我们的身体正在试图消灭体内的**病菌**或**病毒**。发烧可以让我们身体的**免疫系统**更好地发挥作用，使它更容易捉到那些攻击我们的"敌人"，并最终打败它们。

我们肯定能战胜
这场感冒!

47

药这么难吃，我们真的 非吃不可吗？

我们生病时，虽然医生给我们开的药很难吃，但我们必须得吃，因为这些药能让我们的身体**摆脱疾病**，尽早康复。告诉你一个喝苦药的**小窍门**：喝药时别呼吸，如果可以的话，之后喝点儿水漱口，这样你就不会觉得它那么难吃了。

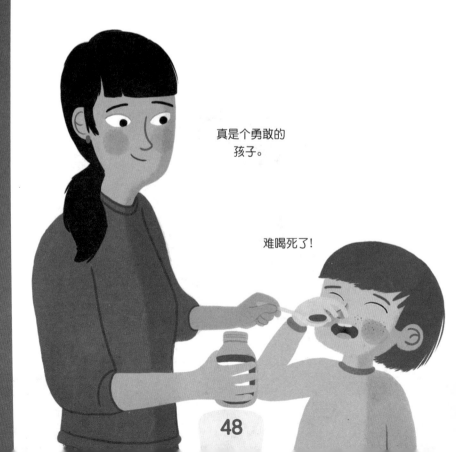

真是个勇敢的孩子。

难喝死了！

我们为什么必须得
接种疫苗？

小朋友们都不喜欢接种疫苗，因为注射疫苗的时候得把针扎进我们的皮肤里。然而，疫苗已经拯救了许多小朋友的生命。接种了疫苗，一些**疾病**就不容易找上我们了。只需轻轻扎一下，我们身体的**免疫系统**就能被激活，让身体产生**抗体**。当那些能引发疾病的细菌或病毒进入我们的身体时，这些抗体马上就能发现它们，并把它们捉住。

感冒时流鼻涕有什么用？

我的就像一个小球。

我的更黏一些。

我们的鼻子里会产生鼻涕，当我们**感冒**时，鼻涕就更多了。这其实是为了把引发疾病的细菌、病毒**捉住**。鼻涕既可以是水状的，也可以是糊状的；既可以是白色的，也可以是绿色的……无论怎样，千万别把鼻涕吃掉，最好是用纸巾好好**擦干净**。

为什么冬天出门前，
我们得穿得暖暖和和的？

如果家里很暖和，而外面很冷，在出门之前，你必须穿上暖和的衣服，否则就有可能**感冒**。因为外界寒冷，使人的**免疫力下降**，这时候很容易遭到病菌或病毒的入侵。

妈妈，我们又不是住在北极。

哼!

51

为什么有时我们的头皮会发痒？

如果你几天没洗头，你的头皮肯定会发痒，因为它**太脏**了。如果长时间不洗头，还可能有另一个原因导致头皮发痒：头发里面长**虱子**了。虱子是一种生活在毛发里的小动物，非常讨厌，所以最好把它们消灭掉。这时，我们需要使用**特殊的洗发水**。

头发里可有不少宝贝啊。

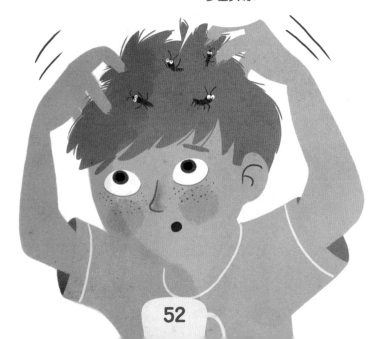

我们浑身上下的毛发
有什么用?

毛发能保护我们的身体。比如,头发能使我们的头部**保持温暖**,并保护头皮**免受阳光直射**。体毛也能帮我们保暖,只是保暖效果远不如熊身上的毛。

你的体毛快赶上熊了。

! ! !

为什么爷爷的耳朵
那么大？

你说什么？
我听不见。

有研究表明，人的耳朵和鼻子会随着年龄的增长而**越长越大**。你的爷爷年龄比较大，所以他的耳朵和鼻子也已经长了好多年了。

宝宝是在妈妈身上的
哪个部位里发育的?

宝宝在**妈妈的肚子里**发育,准确点儿说,是在一个叫作**子宫**的器官中。这是一个温暖的空间,能起到很好的保护作用,宝宝可以在里面好好**发育**,不至于受到撞击等伤害。

宝宝是怎么造出来的?

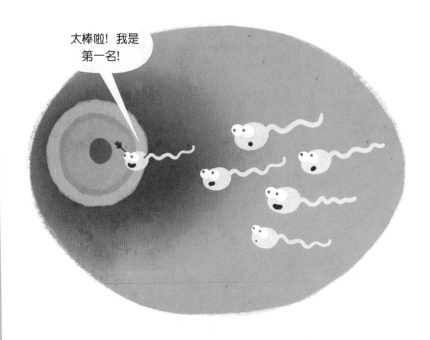

当一对夫妻准备要宝宝时，爸爸的**精子**会与妈妈的**卵子**结合在一起，形成**受精卵**，一个生命就形成了。

宝宝要在妈妈的肚子里待多久？

我多想赶快出去啊，去看看外面的世界都有什么！

从受精卵算起，宝宝大约要在妈妈的肚子里度过**九个月**的时间。最初的几个月里，宝宝还很小，小到我们从外面根本注意不到他。之后他会越长越大，需要的**空间**也越来越多，所以妈妈的肚子也就越来越大了。

宝宝在妈妈的肚子里时
怎么吃东西？

当宝宝在妈妈的肚子里发育时，他们会通过脐带来获得营养物质和氧气。脐带是一种柔韧性很好的管子，能将宝宝和妈妈连接起来。当宝宝出生时，这条脐带就会被结扎剪断。宝宝有时也会吞咽羊水，吸收里面的水分和营养物质。